国家电网有限公司
STATE GRID
CORPORATION OF CHINA

山西晋北—江苏南京±800kV
特高压直流输电工程换流站亮点总结

国家电网有限公司　组编

U0324075

中国矿业大学出版社

China University of Mining and Technology Press

内 容 提 要

本书对山西晋北—江苏南京±800 kV特高压直流输电工程换流站工程设计、设备、建设管理和施工的亮点做了系统总结,体现了工程的技术水平、工艺水平和建设水平,所述内容具前瞻性和先进性。

本书可供相关专业工程设计及施工人员参考使用。

图书在版编目(CIP)数据

山西晋北—江苏南京±800 kV特高压直流输电工程换

流站亮点总结/国家电网有限公司组编. —徐州:中国矿业

大学出版社,2018.9

ISBN 978 - 7 - 5646 - 4024 - 8

Ⅰ.①山… Ⅱ.①国… Ⅲ.①特高压输电—直流输电

线路—电力工程—中国 Ⅳ.①TM726.1

中国版本图书馆CIP数据核字(2018)第142526号

书　　名　山西晋北—江苏南京±800 kV特高压直流输电工程换流站亮点总结

组　　编　国家电网有限公司

责任编辑　王美柱

出版发行　中国矿业大学出版社有限责任公司

　　　　　(江苏省徐州市解放南路　邮编221008)

营销热线　(0516)83885307　83884995

出版服务　(0516)83885767　83884920

网　　址　http://www.cumtp.com　E-mail:cumtpvip@cumtp.com

印　　刷　江苏淮阴新华印刷厂

开　　本　787×1092　1/16　**印张** 8.5　**字数** 218千字

版次印次　2018年9月第1版　2018年9月第1次印刷

定　　价　80.00元

(图书出现印装质量问题,本社负责调换)

本书编委会

主　任　　刘泽洪

副主任　　张福轩

成　员　　种芝艺　　余　军　　王绍武　　肖安全　　高理迎

　　　　　李明节　　李景中　　孙　涛　　曹惠彬　　袁清云

　　　　　陈　力　　文卫兵　　马为民　　张　伟　　郑福生

　　　　　李　正　　黄志高　　刘人楷　　白林杰　　刘冀邱

　　　　　董国伦

本书编写工作组

主　编	张福轩				
副主编	种芝艺	余　军	王绍武	肖安全	
参　编	黄　勇	宋胜利	赵大平	张燕秉	王　庆	余伟成
	陈　浩	王　劲	但　刚	李燕雷	张　俊	吕鹏飞
	张　怡	常乃超	马　超	郑晓雨	商　皓	张　柯
	杨志栋	王延海	刘俊杰	梅文明	贾　琳	李轶群
	王　凯	曹　路	卢　波	宋　明	吴　畏	王立国
	张　诚	白光亚	潘励哲	郑　劲	孙中明	梁红胜
	陆东生	戴　阳	王世巍	朱小龙	刘青松	李　颖
	赵进斌	梁育彬	刘志伟	王　鹏	成小胜	朱　国
	潘　斌	李延强	薛纬琪	陈　东	杨一鸣	祝全乐
	李云伟	付艳伟	布小红	张凝芳	韩选民	王　伟
	白思敬	谭可立	王建武	周志超	郑　健	陈建华
	卫银忠	李海烽	张朋朋	虞　媛	李　明	杨　勇
	曹燕明	周　宇	梅文吉	高　峰	程涣超	张振乾
	王丙楠	李　源	马瑞鹏	秦　钊	罗　杰	王露钢
	周　梁	李　辉	吕树春	方隽杰	董冶军	王晓亭
	高叶军	钟恢平				

前　言

　　山西晋北—江苏南京±800 kV 特高压直流输电工程是"十二五"国家规划的"西电东送"重点工程之一,是国家电网公司落实国家大气污染防治行动计划的重点输电通道。工程对于落实国家大气污染防治行动计划,改善大气环境质量,满足华东地区用电需求,支撑国家能源消耗强度降低目标实现等均具有十分重要的意义。工程投运后,每年可新增送电约 450 亿 kW·h,减少煤炭运输 2016 万 t,减排二氧化碳 3930 万 t、烟尘 1.6 万 t、二氧化硫 9.9 万 t、氮氧化物 10.5 万 t,可有效减少雾霾、改善大气环境质量,环保效益显著。

　　本书对工程设计、设备、建设管理和施工的亮点做了系统总结,体现了工程的技术水平、工艺水平和建设水平。

　　本书编制过程中得到了工程参建单位的大力支持,在此表示衷心感谢。

　　本书存在的疏忽和遗漏之处,敬请读者批评指正。

本书编委会

2018 年 8 月

目　　录

第 1 篇　换流站工程设计亮点

第 2 篇　换流站工程设备亮点

第3篇 建设管理及施工亮点

第1篇 换流站工程设计亮点

1 电气专业

1.1 主接线与布置优化

1.1.1 优化 500 kV 交流场配串

晋北、南京换流站 500 kV 出线所有同名回路配置在不同串,接入不同侧母线,提高了电气主接线的可靠性;电源回路与负荷回路配成了完整串,有利于降低母线穿越功率。此种配串方式下,GIL 分支母线短、布置尺寸优,换流变侧分支母线交叉少,布局协调性好。如图 1.1-1 和图 1.1-2 所示。

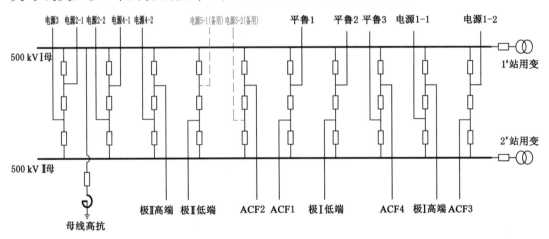

图 1.1-1 晋北换流站 500 kV 交流场配串

1.1.2 优化 500 kV GIL 分支母线布置

优化晋北换流站 500 kV GIS 分支管母线布置方案:

(1) 将 ACF1、ACF2 两大交流滤波器组 GIL 分支管母线布置在 500 kV GIS 室内,可充分利用行车等有利的吊装条件。

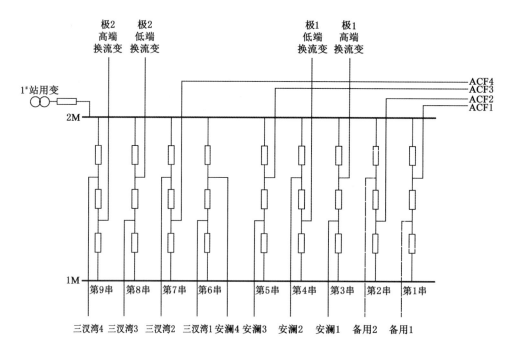

图 1.1-2　南京换流站 500 kV 交流场配串

（2）将 ACF3、ACF4 两大交流滤波器组 GIL 分支管母线布置在 500 kV GIS 室外，在保证 GIL 分支管母线的安装、检修空间的前提下，取消 500 kV GIS 室与继电器室之间的道路，减少 GIL 长度 200 m。

如图 1.1-3 所示。

1.1.3　优化 500 kV 交流场布置

晋北换流站 500 kV 出线 12 回，12 档出线门形构架布置由"6 连跨（双端撑）＋6 连跨（双端撑）"优化为"7 连跨（双端撑）＋5 连跨（单端撑）"，减小了出线构架布置尺寸 5 m，优化后的构架布置与 GIS 长度基本匹配。如图 1.1-4 所示。

500 kV 敞开式避雷器布置于高抗回路 GIS 套管的侧方，T 接于 GIS 至高抗的导线上，可压缩交流场纵向尺寸 4 m，方便运维。

1.1.4　优化站用电接线，节省 1 台 500 kV 站用变压器

南京换流站站用电系统一路工作电源来自 1 000 kV 盱眙变电站的 110 kV 侧，与两路站用电源均取自换流站内 500 kV 站用变压器方案相比，减少 1 台

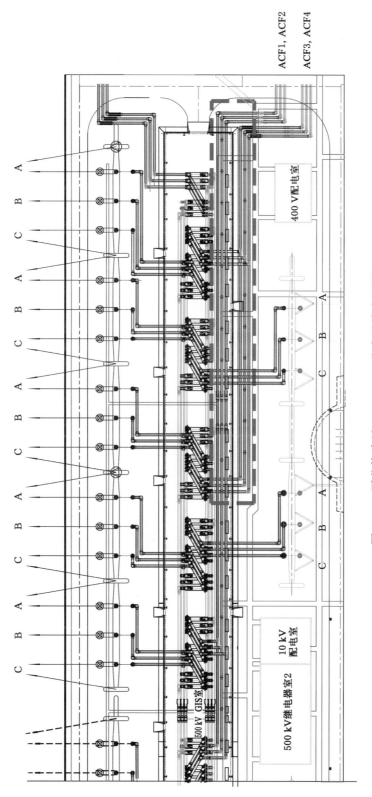

图1.1-3 晋北换流站500 kV GIL分支母线布置图

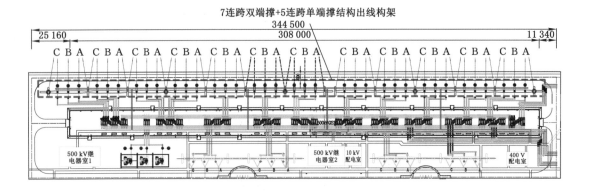

图 1.1-4　晋北换流站 500 kV 配电装置平面布置图

500 kV 站用变压器和 1 台 500 kV 断路器,节省投资约 1 200 余万元。如图 1.1-5 和图 1.1-6 所示。

图 1.1-5　南京换流站 500 kV 站用变　　　　图 1.1-6　南京换流站 110 kV 站用变

1.2　节约占地优化

1.2.1　与 1 000 kV 盱眙变电站相邻而建

南京换流站是国内首个与已建 1 000 kV 特高压交流站相邻而建的工程。工程设计因地制宜,合理利用场地。如图 1.2-1 所示。

（1）将 500 kV 交流滤波器场布置在 500 kV 配电装置与 1 000 kV 盱眙变电站之间，减少交流滤波器场噪声对换流站西侧村民的生活影响。

（2）换流站和交流站共用综合楼（综合楼布置于交流站），合用运输主通道，方便大件运输，节省工程投资及占地面积。

（3）交直流合建交界处围墙方案：南京换流站开工建设时 1 000 kV 盱眙变电站已投运，变电站围墙、护坡及挡墙均已经完成。南京换流站利用 1 000 kV 盱眙变电站围墙柱，改造为重力式挡墙方案，既节省工程量，又节约用地，两站衔接整体效果美观。

图 1.2-1 　与交流特高压站相邻而建的南京换流站

1.2.2 　优化换流变广场布置

（1）晋北换流站位于海拔 1 357 m，配电装置尺寸需考虑海拔修正因素而增大；本工程根据换流变压器实际尺寸，适当减少防火墙长度，在保证运行安全和检修便利的前提下，换流广场采用 292 m×127 m 的尺寸；与同电压等级高海拔地区空冷换流站相比，占地面积小。如图 1.2-2 所示。

（2）南京换流站换流变进线构架（直流场侧）由常规门形构架优化为"π"形悬挑构架，柱间距由 24 m 减小到 9 m，满足了换流变压器组装和运输要求，节约了占地面积。如图 1.2-3 和图 1.2-4 所示。

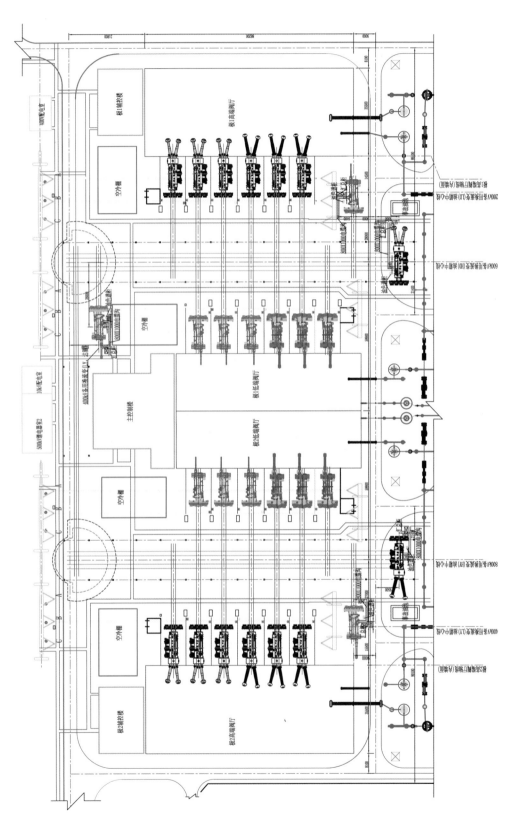

图1.2-2 晋北换流站换流场区布置图

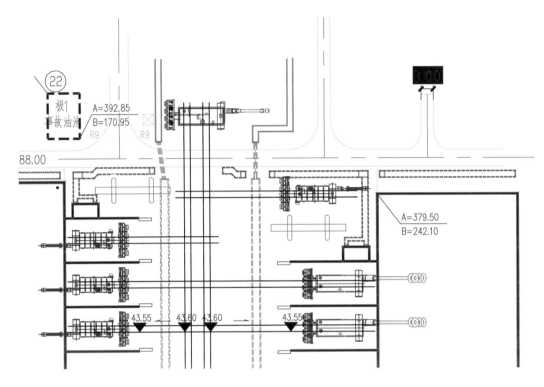

图 1.2-3　南京换流站换流变进线构架布置

图 1.2-4　南京换流站汇流母线构架现场照片

1.2.3　优化 500 kV 交流滤波器场布置

总结已建换流站交流滤波器场布置方式,晋北、南京换流站采用"新田字形"布置方案,如图 1.2-5 和图 1.2-6 所示。与通用设计方案相比,南京换流站节约占地 0.42 hm²,减少 GIL 长度 200 m,节约投资约 200 万元。晋北换流站节约占地 0.3 hm²,减少 GIL 长度 250 m,节约投资约 250 万元。

1.2.4　500 kV 继电保护小室与 GIS 室毗邻布置

南京换流站 500 kV GIS 室与继电器室相邻墙体均采用耐火时间为 3 h 的防火墙,调整相应电缆沟和疏散出口设计,满足防火规范要求,节省了建筑物之间的防火距离。压缩交流场 GIS 配电装置区域长度 5 m,节约占地约 0.15 hm²。如图 1.2-7 所示。

1.3　二次设计优化

1.3.1　改进直流系统配置

站内直流系统由原 3 组蓄电池 5 套充电模块系统改为 3 组蓄电池 4 套充电模块系统。在保证直流系统稳定可靠的同时,减少一套充电模块,降低了成本,简化了系统接线。3 组蓄电池 4 套充电模块系统图如图 1.3-1 所示。

1.3.2　采用 OPGW 光缆余缆箱方式引下光缆

晋北、南京换流站 OPGW 光缆线路构架引下线采用余缆箱,内置光缆终端盒,整洁美观,利于运维。如图 1.3-2 所示。

1.3.3　优化站内双极测量接口设计

将双极测量功能集成在零磁通屏内,减少了屏柜数量,简化了二次回路接线,节省了光缆,提高了系统运行的可靠性。双极区测量接口如图 1.3-3 所示。

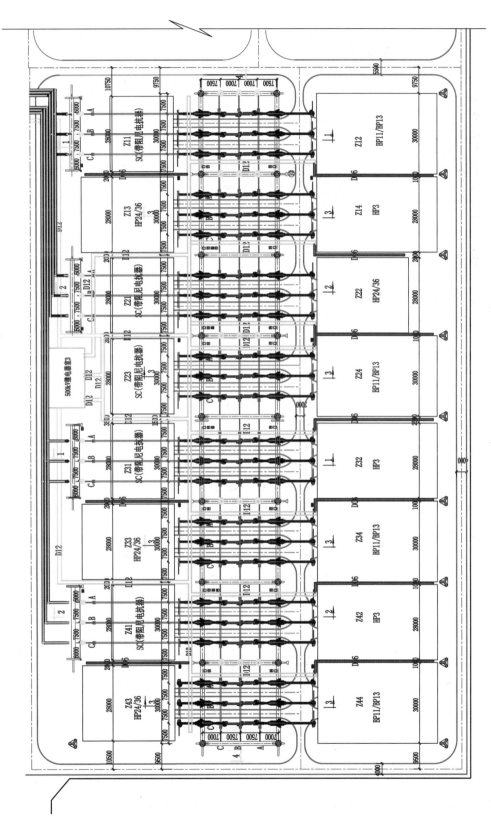

图1.2-5 晋北换流站500 kV交流滤波器场布置

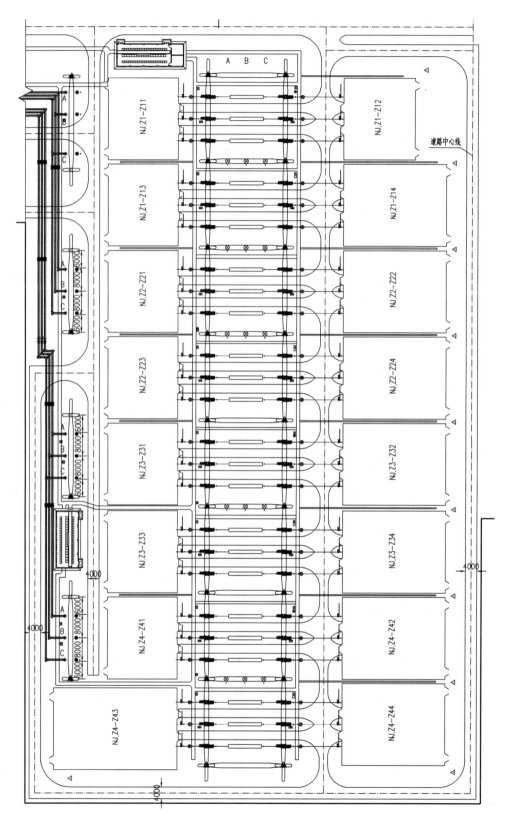

图1.2-6　南京换流站500 kV交流滤波器场布置

图 1.2-7　500 kV 继电器小室与 GIS 室毗邻布置

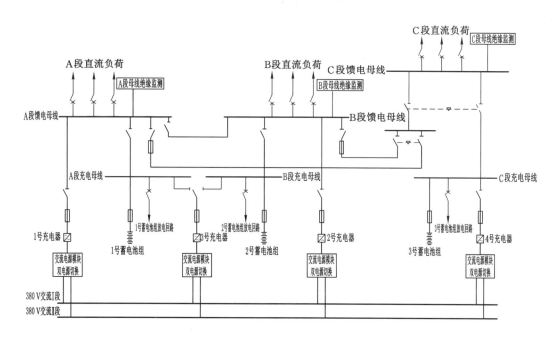

图 1.3-1　极、阀组直流系统图

1.3.4　采用数字化软件进行二次设计

晋北、南京换流站电气二次专业采用数字化软件设计,自动生成端子排及

图 1.3-2　OPGW 光缆余缆箱

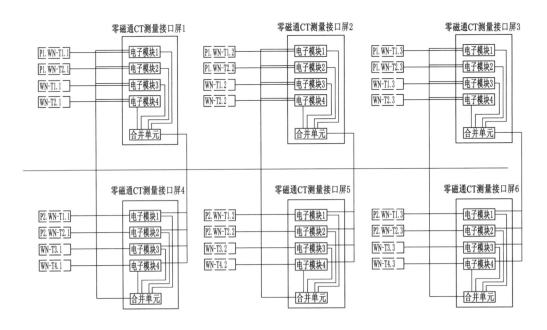

图 1.3-3　双极区零磁通屏接口示意

电缆清册,大幅提高设计成品的质量,提高了效率,提升了设计水平。

1.4 其他设计优化

1.4.1 主接地网采用复合立体地网

针对晋北换流站地处山区,土壤电阻率高的工程特点,提出接地网采用"复合立体地网",即"水平接地网＋410根垂直接地极＋9口接地深井"立体结构,与常规扩大水平接地网方案相比,降阻效果明显。接地电阻实测值为 0.21 Ω,设计仿真值为 0.235 Ω,两者吻合较好,技术经济效果明显。接地计算示意图如图 1.4-1 所示。

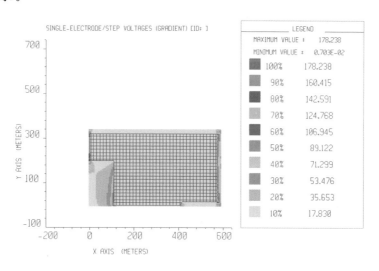

图 1.4-1　晋北换流站接地计算示意图

1.4.2 采用智能照明系统

南京换流站全站采用智能照明控制系统,实现手持控制终端在全站范围内通过 wifi 网络控制全站照明系统,方便运维。

智能照明无线覆盖系统如图 1.4-2 所示,运行人员应用移动设备操作现场灯具如图 1.4-3 所示。

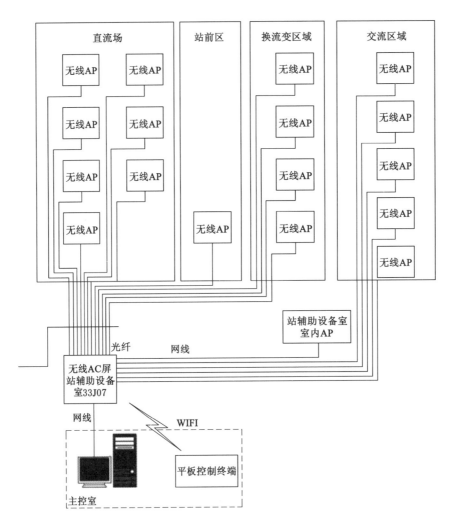

图 1.4-2　智能照明无线覆盖系统图

图 1.4-3　运行人员手持移动设备控制场地灯具

2 土建专业

2.1 站区总平面及土方优化

晋北换流站总平面布置由可研的北偏东 15 度调整为正南正北方向,使长轴方向平行于站址等高线,经调整后,土石方量由可研的 170 万 m³ 减少为 130 万 m³,同时将阀厅、控制楼、换流变压器基础等对沉降较敏感的主要建、构筑物放至挖方区,减少了桩基工程量,节约工程造价约 500 万元。

南京换流站工程设计因地制宜,结合场地原始自然条件、水文条件及膨胀土规范要求,综合考虑土方平衡,减少弃土,换流站最终场地标高比交流站高 2.5 m,节约土方 30 万 m³。

2.2 建筑物结构设计优化

2.2.1 高端阀厅结构设计优化

晋北换流站高端阀厅与换流变压器之间的纵向防火墙采用钢筋混凝土框架填充墙结构,并采用等柱距方案,如图 2.2-1 所示。在满足规范要求的同时,较常规全混凝土墙,不等柱距方案节约钢材约 30%,采用固定等柱距方案,结构简单、整齐美观,钢柱布置不受阀塔及设备布置影响。

2.2.2 低端阀厅结构设计优化

南京换流站两极低端阀厅中间防火墙采用钢排架结构,如图 2.2-2 所示。该方案较传统采用钢筋混凝土框架填充墙结构方案有以下优点:

(1)钢构件由加工厂加工,符合标准配送式建设理念,可减少混凝土湿作

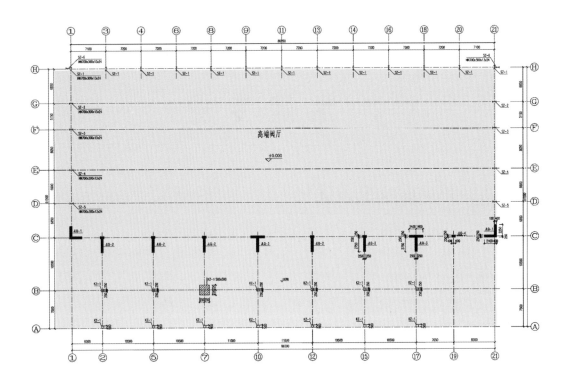

图 2.2-1 高端阀厅等柱距布置

业,现场文明施工效果好。

（2）避免了在中间防火墙两侧高空搭设脚手架及高空砌体施工工作内容,有效地节约了施工工期。

图 2.2-2 两极低端阀厅中间防火墙

2.2.3 阀厅三维数字化设计

阀厅采用三维数字化设计,检查阀厅屋架悬挂设备、阀冷管道、暖通风道及电缆桥架等与钢屋架结构之间是否发生"硬碰撞",实现电气安全净距的三维校验,杜绝"软碰撞",达到精细化设计和立体可视化设计目标,对于指导现场施工安装有重要意义。如图 2.2-3 所示。

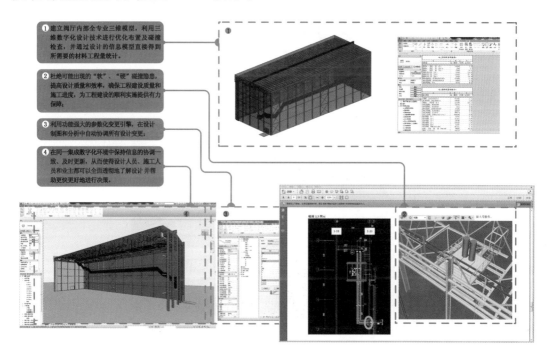

图 2.2-3　阀厅三维数字化设计

2.2.4 空冷器保温室结构设计优化

晋北换流站优化空冷器保温室顶部卷帘门电机安装位置,将常规位于卷帘卷轴正上方优化为布置在卷帘卷轴内部,平行于屋面卷帘,可减小屋面凸起,取消屋面检修步道,提升保温室净高;同时,在屋脊处,用钢框将屋面卷轴及电机覆盖作为电机箱,外包双层压型钢板封闭,可有效提高防雨及防风防沙效果。如图 2.2-4 和图 2.2-5 所示。

图 2.2-4 空冷器保温室检修走道

图 2.2-5 空冷器保温室外立面

2.3 建筑物通风系统设计优化

2.3.1 主、辅控制楼外窗及百叶窗设计

（1）设备房间不开设外窗。如图 2.3-1 所示。

（2）正立面不设置百叶窗。按照工业化建筑理念，主、辅控制楼正立面不设置百叶窗，只在侧立面设置，且百叶窗大小一致。如图 2.3-2 和图 2.3-3 所示。

图 2.3-1　晋北换流站辅控楼外立面

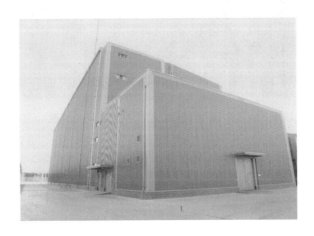

图 2.3-2　晋北换流站辅控楼侧立面百叶窗

图 2.3-3　南京换流站主控楼侧立面百叶窗

2.3.2　阀厅空调采用双风机系统

阀厅空调采用双风机系统可以灵活控制系统送、排风量,有利于控制阀厅室内静压,在过渡季节可通过加大新风量,减少空调冷冻机组负荷,具有节能效果。如图 2.3-4 所示。

图 2.3-4　空调设备间

阀厅事故后排风风机布置于主控制楼侧上空,阀厅其他侧面无排风口,从视觉上消除了风口对阀厅建筑立面的破坏,保障了阀厅外立面的完整性和统一性。

2.3.3　优化控制楼通风设计

(1)在电气设备房间空调室内机所在墙与电气屏柜之间的过道上方布置,送风口经风管接至屏柜吸风口侧上方,不对屏柜直吹,避免冷凝水滴落在屏柜上,造成屏柜损坏。如图 2.3-5 所示。

(2)值休室、会议室、办公室等房间的空调采用四面出风式空调室内机,空调室内机居中布置在吊顶格内,与照明协调布置,保证室内吊顶的视觉效果。如图 2.3-6 所示。

(3)在施工招标中规定了百叶窗材质、密封等级、边框尺寸等,施工图设计时扩大土建边框,避免百叶窗叶片与边框缝隙漏风。如图 2.3-7 所示。

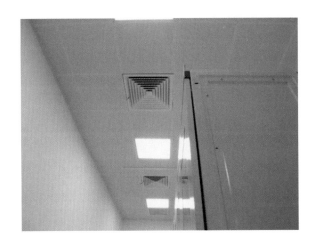

图 2.3-5 电气设备间空调风口与盘柜位置图

图 2.3-6 空调及新风吊顶示意

(a) 会议室空调吊顶;(b) 集控室空调及新风吊顶

图 2.3-7 新风口与百叶风口示意

(a) 集控室新风口;(b) 优化后的百叶风口

2.4 构筑物结构及基础设计优化

2.4.1 换流变搬运轨道与换流变基础之间设置轨道梁

南京换流站在换流变搬运轨道与换流变压器基础之间设置轨道梁,如图 2.4-1所示,轨道梁的设置可有效地控制搬运轨道与换流变基础之间沉降差,节省钢筋混凝土工程量,同时,便于在轨道梁下铺设水工排油管道。轨道梁连接如图 2.4-2 所示。

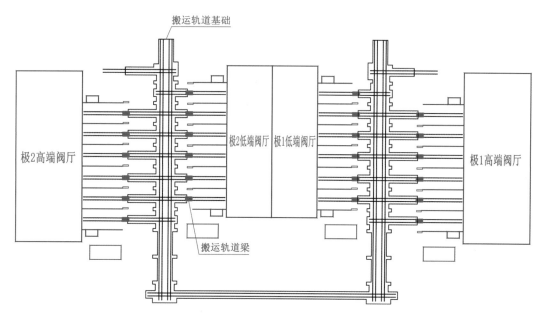

搬运轨道基础

极2高端阀厅

极2低端阀厅 极1低端阀厅

极1高端阀厅

搬运轨道梁

图 2.4-1 南京换流站换流变轨道梁平面布置

2.4.2 直流场极线塔结构设计优化

南京换流站直流场极线塔,采用"米"字形腹杆体系,杆件计算长度减小,更易满足长细比要求,杆件截面减小,满足了规程规范要求,节约了钢材量。如图 2.4-3 和图 2.4-4 所示。

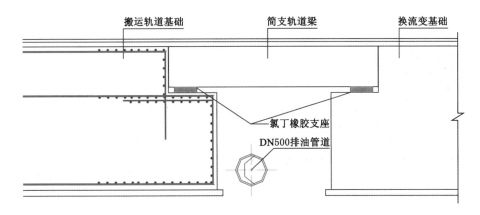

图 2.4-2　南京换流站换流变轨道梁连接详图

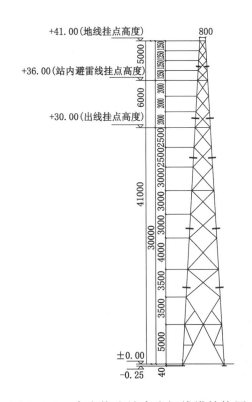

图 2.4-3　南京换流站直流极线塔　　图 2.4-4　南京换流站直流极线塔结构图

2.4.3　500 kV GIS 基础大板伸缩缝优化

为减少温度效应影响,结合 GIS 布置,在 GIS 大板基础中间设置间隔区,使 GIS 大板基础分成两部分,间隔区设置"搭板","搭板"与 GIS 结合处设置滑移支座,可有效释放两端 GIS 大板的变形,"搭板"顶面与室内地面齐平。间隔区断面如图 2.4-5 所示。

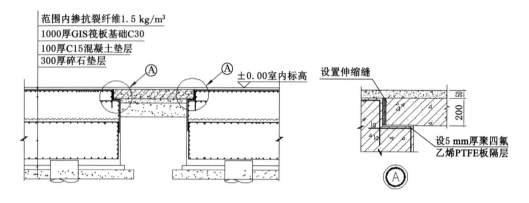

图 2.4-5 500 kV GIS 基础间隔区断面

2.5 站区广场、电缆沟、围墙、道路优化

2.5.1 站区电缆沟及配电装置区场地封闭方案

针对晋北换流站风沙大的气候特点，采用嵌入地下式电缆沟，如图 2.5-1 和图 2.5-2 所示，每 6 m 设置检修人孔，检修人孔空采用活动盖板嵌入地下式布置，此种结构不会对场地雨水造成阻隔，场地排水更加顺畅；配电装置区场地封闭采用铺设预制砖方案，方便运维。

图 2.5-1 广场砖封闭方案

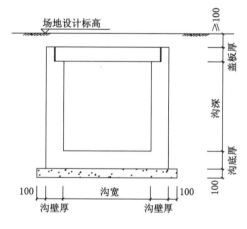

图 2.5-2 嵌入地下式电缆沟剖面图

2.5.2 换流变广场水工管沟设置优化

南京换流站换流变广场布置钢筋混凝土水工管沟,如图 2.5-3 所示,管沟采用浅埋式盖板。水工管沟均位于地面以下,表面绿化覆盖,方便运维。

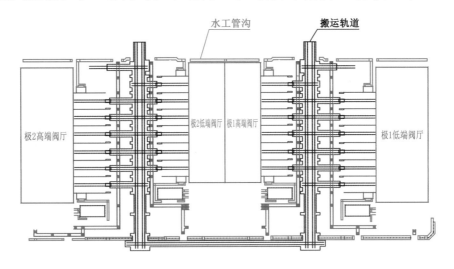

图 2.5-3 南京换流站换流变广场水沟管平面布置

2.5.3 站前区广场不设雨水井

晋北换流站站前区广场附近的道路设计成单坡排水,避免了广场侧出现雨水井,站前区广场如图 2.5-4 所示。

图 2.5-4 晋北换流站站前区广场

2.5.4　优化巡视小道

南京换流站巡视小道由常规的道板砖面层调整为透水混凝土面层。该方案具有平整路面效果，便于机器人通行；排水效果好，不积水；与站内沥青混凝土道路整体协调。如图 2.5-5 所示。

电缆沟与站内道路交界处采用透水混凝土衔接，便于站内巡视机器人通行。

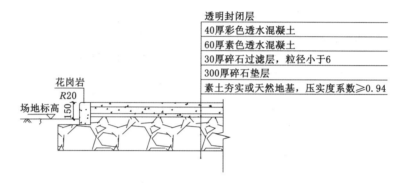

图 2.5-5　南京换流站巡视小道设计方案

2.5.5　挖方区边坡与降噪围墙统一设计

晋北换流站西侧挖方区边坡支护采用自然放坡＋挂网喷浆，护坡兼作围墙基础，护坡顶设置 2.5 m 高的砖砌围墙。砖砌围墙外刷水泥砂浆与边坡风格保持一致，达到了整齐划一的立面效果。如图 2.5-6 所示。

(a)　　　　　　　　　　　　　　(b)

图 2.5-6　晋北换流站挂网喷浆边坡与砖砌围墙

2.6 优化两站钥匙分级管理系统

为有效防止换流站工作人员误入设备房间、控制钥匙借用者的行动区域，防止造成人身和设备事故，实现站区设备安全管理，两站内生产区域房间门锁采用分级管理。按照设备在整个系统稳定运行上的重要程度，对全站所有设备房间门锁分为 1、2、3 共 3 个等级：

（1）1 级钥匙：等级最高，可以开 1、2、3 级门锁。

（2）2 级钥匙：等级次之，分为 2-1（直流）、2-2（交流）、2-3（辅助），三者不能互相打开，但可以开本部分的 2、3 级门锁。

（3）3 级钥匙：等级最低，与房间一对一配置，每个房间的钥匙互不相同。

设备室门锁钥匙分级系统示意如图 2.6-1 所示。

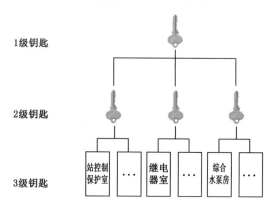

图 2.6-1 设备室门锁钥匙分级系统示意图

第2篇　换流站工程设备亮点

3 换 流 变

3.1 主设备自主化设计范围扩展

3.1.1 国内自主设计高端换流变压器厂家扩展至 3 家

晋北换流站高端换流变压器由沈变自主设计,线圈采用调-网-阀排列方式,开关和网出线装置采用外置结构,有效减小油箱尺寸,满足铁路运输要求。14 台高端换流变压器一次试验合格率为 93%,证明自主设计方案可靠,满足工程要求。

南京换流站高端换流变压器由保变自主设计,线圈采用调-网-阀排列方式,阀侧绕组采用端部幅向出线方式,柱间采用手拉手结构,保证了阀侧引线对油箱和铁心结构件的绝缘距离。14 台高端换流变压器一次试验合格率同样达到 93%。

晋南工程建成后,国内高端换流变压器自主设计厂家达到 3 家,分别为西变、沈变、保变,换流变压器国产化设计能力大幅提升。

3.1.2 阀侧套管供应商扩展

南京换流站低端换流变压器全部采用沈阳传奇生产的阀侧套管,经过生产和试验验证,各项性能参数满足工程要求。该阀侧套管的成功应用,打破了外商在该领域的垄断地位,为换流变生产降低采购成本、缩短换流变供货周期奠定了基础,也为特高压电网低端换流变后期运行维护的套管紧急替换创造了便利条件。

3.1.3 绝缘成型件和出线装置供应商扩展

本工程中高端和低端换流变压器绝缘成型件、出线装置等关键部位绝缘材料实现全部国产化设计和生产,经过换流变压器生产和试验验证,证明了国内绝缘件满足高端和低端换流变压器绝缘性能要求,为换流变生产降低采购成本、缩短换流变供货周期奠定了基础。

3.2 工艺、设计优化

3.2.1 外置网侧 500 kV 出线装置及升高座结构优化

本工程对晋北换流站高端换流变压器网侧出线装置及升高座结构进行了优化,根据网套管结构,对上、下两部分的均压球进行了改进,并增加了绝缘,提高安全系数;在网侧升高座上增加了热油循环的阀门,杜绝因热油循环不彻底导致放电的问题。

3.2.2 阀侧升高座支撑结构优化

本工程对南京换流站高端换流变压器阀侧升高座支撑结构进行了优化,增加两处关键支撑,如图 3.2-1 所示,增强了阀侧升高座的机械强度,保证产品安全运行。

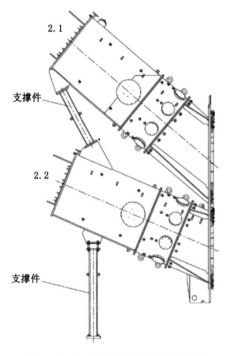

图 3.2-1 阀侧升高座支撑结构

4 换 流 阀

4.1 阀控设备接口规范化设计

南京换流站换流阀阀控设备与直流控制保护间采用规范化设计,将部分原来通过 CAN 通信传输的信号转而采用光数字信号传输,并增加部分光信号。VCU 新接口信号规范如图 4.1-1 所示。

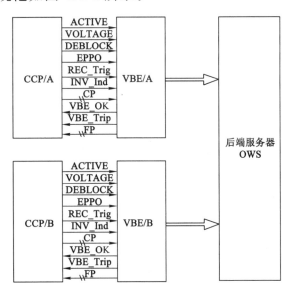

图 4.1-1 南京换流站换流阀阀控设备与直流控制保护
连接方式和接口信号示意图

4.2 6英寸大功率电触发晶闸管优化

晋北换流站和南京换流站对换流阀使用的派瑞公司 6 英寸大功率电触发晶闸管进行了优化,该晶闸管从设计、材料、工艺等方面进行优化设计,相比以往工程应用的 6 英寸晶闸管具有关断时间 t_q 更小、通态压降 V_{TM} 更低、反向恢复电荷 Q_{rr} 保持同一水准等综合特点，见表 4.2-1。同时，通过试验设备的更新换代和技术升级、提高晶闸管抽样标准、增加严格的入厂检验项目，确保了使用性能更优的晶闸管。

表 4.2-1　　　　　　　　　　　晶闸管参数对比表

工程名称	主　要　参　数		
	通态压降 V_{TM}/V	关断时间 $t_q/\mu s$	典型反向恢复电荷 $Q_{rr}/\mu C$
溪浙工程	1.80	650	6 806
灵绍工程	1.76	554	6 702
晋南工程	1.73	548	6 785

4.3　阀控设备光触发分配优化

晋北换流站换流阀 VCE800 阀控设备光触发分配器采用专利技术，可在直流系统运行的工况下，更换故障光发射插件。各个光发射插件采用独立控制，实现触发信号在一个阀组件内的均匀分配和触发通道的冗余配置，减少了阀塔与控制室之间光缆的数量。

4.4　阀控设备增加试验模式

南京换流站换流阀阀控设备具备试验模式，在换流阀检修状态下，可以由阀控系统向晶闸管发出触发脉冲对晶闸管逐级进行测试，并监视触发与回报信号。

4.5　阀冷系统优化

南京换流站阀冷却容量设计满足在极端最高湿球温度（30.4 ℃）、换流阀最大负荷（4 173 kW）、故障 1 台塔且故障塔不关闭阀门、3 台塔混水后总出水温度小于 46 ℃要求。阀冷系统的冗余可以保证换流阀连续工作在 2 h 过负荷工况下,即连续 2 h 过负荷最小时间间隔为 0 s。

4.6 换流阀光纤槽结构设计优化

南京换流站换流阀阀塔内部所有的光纤槽盒支架和连接螺栓从金属材质改成了绝缘材质,并对相关结构进行了进一步优化:顶部光纤槽盒上端通过两个绝缘螺栓固定在 L 形绝缘支撑板上,下端通过一个绝缘垫片和四个绝缘螺栓固定在 L 形绝缘支架上,并与下层光纤槽盒相连,如图 4.6-1 所示。通过绝缘材质的槽盒支架和螺栓,阻断层间沿光纤的漏电流通道,保护光纤远离漏电流的损害,延长光纤的寿命。

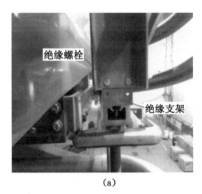
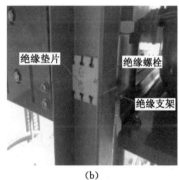

(a)　　　　　　　　　　(b)

图 4.6-1　光纤槽盒支架和连接螺栓

4.7 换流阀蛇形水管吊装方法优化

南京换流站换流阀对蛇形水管的吊装方法进行了优化,安装时顶部两根主管路钢梁中间和平台车底部分别采用吊带固定 1 个滑轮,使用绳子穿过 2 个滑轮并拴在叉车上,叉车拉动绳子使蛇形管上升。较以往采用多人将蛇形管用 4 m 环形吊带绑在升降车护栏上使其上升,提高了人员、物料安全程度,同时提高了工作效率。

5 控 制 保 护

5.1 控制策略升级、优化

5.1.1 新增后备无功控制功能

晋南工程控制保护增加后备无功控制功能,直流站控主机运行状态通过硬接线送入极控接口屏 PCI,当 PCI 收到站控主机死机或运行状态信号丢失后,PCI 启动后备无功功能,通过现场总线将滤波器运行状态送给极控,极控根据交流滤波器投入状态和交流母线电压,采取相应的控制策略,增强了系统的稳定性。

5.1.2 直流转换开关断口电流用于开关的快速保护

以往工程中,直流转换开关 NBS、MRTB、GRTS 配置的断口电流互感器测量数据只作为参考量。晋南工程将测量结果用于开关的快速保护,通过该电流测量结果可实时反映直流转换开关分、合状态,当转换开关失灵时,在 50 ms 内即可发出重合开关命令,实现了开关快速保护。

5.1.3 新增接地极差动保护

晋南工程配置了接地极线路差动保护,有助于实现接地极线路的全长保护,提高了保护的可靠性。

5.1.4 次同步振荡抑制

设计对次同步振荡具有强阻尼的控制策略,加强直流输电系统整流侧电流控制。在直流电流偏差量基础上增加自适应的比例调整环节,在电流偏差大于

0.05 p. u. 时比例系数为 1,在电流偏差小于 0.05 p. u. 时比例系数逐渐减小,在电流偏差小于 0.005 p. u. 时比例系数仅为 0.123 6。

5.1.5 新增直流滤波器高压电容器接地保护

本工程新增直流滤波器高压电容器接地保护,当高压电容器内部发生接地故障时,通过保护在线切除直流滤波器。

5.1.6 完善电压应力限制功能

本工程完善电压应力限制功能,增加电压应力跳闸功能。与以往工程相比,强制降分接开关功能利用同一阀组 6 台换流变的分接开关档位计算每台换流变的 U_{di0} 值,再分别与强制降分接开关功能定值比较,当 3 台及以上 U_{di0} 值超过定值时,延时向本阀组所有换流变发出降分接开关信号,3 台以下超过定值时,不发出降分接开关信号。

5.1.7 新增中性线冲击电容器保护

本工程增加中性线冲击电容器保护,当冲击电容电流大于定值,延时动作单极停运。

5.1.8 标准化接口

换流阀阀控、换流变、安稳系统、阀冷系统同控制保护全面采用通用接口技术,统一了接口协议和逻辑功能,提升了工程标准化设计水平。

5.1.9 联调试验项目扩展

晋南工程控制保护联调试验针对新增功能进行了试验验证,以确保正确无误。主要包括交流过电压控制试验、直流滤波器高压电容器接地保护试验、直流谐波保护试验、直流转换开关保护试验、直流滤波器在线投入功能试验、电压应力限制功能试验、中性线冲击电容器保护试验、接地极引线过负荷保护试验、接地极差动保护试验、次同步振荡抑制试验及落实特高压直流工程运行反措、通用接口技术相关试验。本工程联调试验项目共计 1 532 项,较以往工程增加 110 项。

5.2 硬件功能开发

5.2.1 开发配合统一接口规范的新型板卡、装置

晋南工程控制保护开发了适用于统一接口的收发触发脉冲和回报脉冲的 EVC 板卡、与 VBE 和阀冷却装置传输状态量的 EVI 板卡、与换流变压器实现数据交互的 INT 板卡、与外置故障录波装置通信的 ICT 板卡,确保控制保护系统与 VBE、阀冷系统、换流变压器、外置故障录波数据传输采用统一接口协议,物理介质均由光纤连接,更加稳定,抗干扰性更强。

5.2.2 开发具有换相失败预测功能的触发角计算板卡 EMF

晋南工程控制保护开发了具有换相失败预测功能的触发角计算板卡 EMF,并以硬件环境处理原来需在软件中实现的功能,计算速度、响应速度更快,运行更加稳定。

5.2.3 开发大容量 FPGA 芯片实现"功能三取二"

晋南工程控制保护开发了大容量的 FPGA 芯片,在其中实现保护的"三取二"功能,即某些数据不可用时,只退相应的保护,不影响同一套三取二装置中其他保护运行,提高了保护系统的可靠性,降低了误动风险。

6 平波电抗器

6.1 出线臂结构优化

晋北换流站平波电抗器出线臂采用焊接加螺栓连接的方式,如图 6.1-1 所示,将接触电流改为通流电流,避免了紧固螺栓松动带来的问题。

图 6.1-1 优化后的出线臂结构

6.2 出线端子板结构优化

晋北换流站平波电抗器出线端子板采用双面连接的方式,如图 6.2-1 所示,增大了接触面积,避免出现异常过热现象。经计算,优化后的接线端子板接触电流密度为 0.064 A/mm²,满足招标文件中无镀层接头电流密度为 0.078 A/mm² 的要求。

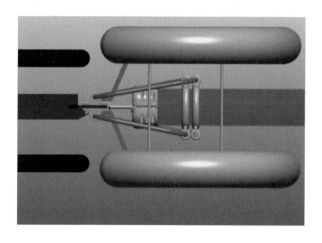

图 6.2-1　双面连接的接线端子板

6.3　降噪装置优化

　　晋北换流站平波电抗器将原有复杂的降噪装置进行优化,通过一系列仿真以及专项试验的验证,在保证不影响降噪性能的前提下将底部栅式消声器的最外圈去掉,同时去除外部筒型吸声罩内侧吸音棉,不仅为检修提供了便利,还消除了吸音棉受潮带来的平波电抗器纵向绝缘性能降低的风险。

7 其他设备

7.1 结构优化

7.1.1 电容器组支架结构优化

南京换流站交流滤波电容器台架采用整体设计结构,优化前后的台架如图7.1-1和图7.1-2所示,与分拆结构相比,可减少现场拼接工序,降低出错率,提高安装效率,避免现场拼接不到位进行二次调整。

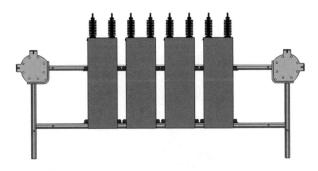

图 7.1-1 优化前的台架

7.1.2 电容器采用无熔丝设计优化

南京换流站对直流场直流滤波电容器 HP12/24 低压电容器、直流滤波电容器 HP2/39 低压电容器无熔丝设计进行优化,与传统的无熔丝设计相比,该设计基于元件矩阵进行相应内部连接,当内部元件发生故障时,电容器仅损失 1 个元件,且在故障元件串联段的元件过电压增加很小,含有故障元件的电容器可以继续保持运行,可提高现场运行稳定性,减少现场维护。

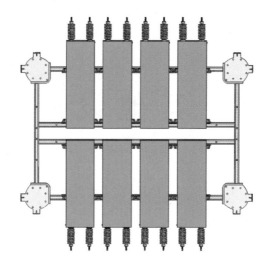

图 7.1-2　优化后的台架

7.1.3　电容器组均压环结构优化

　　南京换流站交流滤波器电容器的均压环优化为半环结构（两个"U"形管母组成），并在两端安装半球形封端盖，解决了以往工程环形均压结构（由两个"U"形管母中间加连接衬管组成）现场安装复杂的问题，同时通过三维电场仿真计算确认满足均匀电场的要求。优化前后的结构如图 7.1-3 和图 7.1-4 所示。

图 7.1-3　优化前的均压环结构

图 7.1-4　优化后的均压环结构

7.2　电容器组桥差保护配平方案优化

南京换流站对交流滤波电容器 C1 桥差保护配平方案进行了优化，通过将所有电容器单元根据电容大小划分等级（11 级），根据电容器的实际电容制定电容配平规则并装配电容器单元，然后将实际位置上的电容器单元通过条码扫描形成电容配置表，将电容配置表与电容配平表整合，真实反映各位置电容器单元的电容及电容等级，如果现场某台电容器故障，直接更换相同级别或相近级别电容即可，为现场维护提供了便利。

7.3　直流断路器国产化

本工程晋北换流站采用国内自主设计、生产的直流断路器。通过对直流转换开关灭弧室内重要部件结构进行改进设计，转换电流达到 5 100 A，且 5 500 A 通流 8 h 后可继续通流 6 600 A 2 h。旁路开关采用空芯复合绝缘子，有效减轻了产品的质量；采用双断口结构，降低整体高度，提高抗震性能；采用特殊的传动结构设计，改善了绝缘拉杆受力状态；优化了旁路开关合闸与分闸特性，可保证旁路开关合闸时间小于 60 ms 的要求。经过试验和运行验证，证明了国产化直流断路器满足工程要求，为后续降低采购成本、大规模应用奠定了基础。

第3篇　建设管理及施工亮点

8 建设管理

8.1 创新建设管理模式

8.1.1 系统全面、合理规划、详尽策划

晋北、南京换流站以专业化管理水平提升为目的,对工程进行了系统策划,制定了"一纲八策划"。如图 8.1-1 至图 8.1-3 所示。

图 8.1-1 编制并印发的一纲八策划文件

8.1.2 党建与工程建设同步促进

晋北、南京换流站现场成立了"工程临时党支部",充分发挥基层党支部战斗堡垒作用,大大提升工程现场凝聚力,为工程建设提供了强有力的政治保障。如图 8.1-4 至图 8.1-6 所示。

图 8.1-2　编制的项目部安装工艺口袋书、
设备安装工艺要求

图 8.1-3　编制的质量活动宣传单

图 8.1-4　成立的党员突击队

图 8.1-5　设立的党员示范区

图 8.1-6　党员示范岗

8.1.3　开展"五比一创、岗位建功立业"劳动竞赛活动促进工程建设

晋北、南京换流站在工程建设过程中持续开展"五比一创、岗位建功立业"劳动竞赛,不断激发员工爱岗敬业的使命感和责任感,促进了工程安全、质量、进度、投资等建设目标实现。如图 8.1-7 至图 8.1-10 所示。

8.1.4　设立"劳模创新工作室"

晋北和南京换流站分别设立"郝汝智"、"丁志锋"劳模创新工作室。积极开展管理创新、QC 攻关、标准工法等活动,取得了多项成果。如图 8.1-11 至图 8.1-13 所示。

图 8.1-7　晋北换流站荣获的山西省工会"工人先锋"号

图 8.1-8　南京换流站受到江苏省总工会的表彰图

图 8.1-9　南京换流站组织开展的技能比武活动

图 8.1-10　晋北换流站开展的劳动竞赛活动

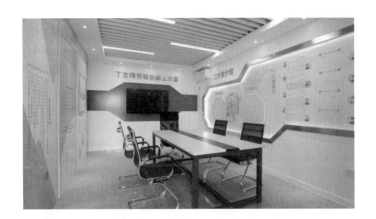

图 8.1-11　丁志锋劳模创新工作室

图 8.1-12　郝汝智劳模工作室

图 8.1-13 劳模工作室课题成果

8.1.5 开设职工书屋与活动室

如图 8.1-14 和图 8.1-15 所示。

图 8.1-14 职工书屋

8.1.6 设置文化长廊,编写工程画册,加强特高压宣传

如图 8.1-16 和图 8.1-17 所示。

图 8.1-15　活动室

图 8.1-16　文化长廊

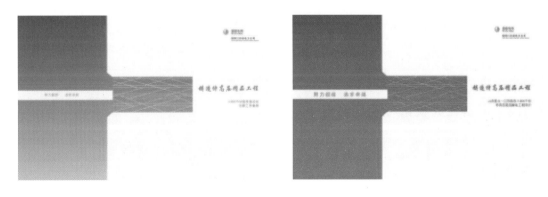

图 8.1-17　宣传画册

8.1.7　加强技经全过程管理，提升造价风险管控水平

南京换流站工程开展特高压工程造价精益化管理策略研究。分阶段组织技经交底，交底内容全面涵盖工程建设过程中技经管理各项工作内容；建立变更、签证台账制度；及时布置过程结算相关工作；应用输变电工程综合造价分析系统；编制输变电造价风险管理手册，提升工程造价全过程造价风险管控水平。如图 8.1-18 和图 8.1-19 所示。

图 8.1-18　造价管控手册

8.1.8　配备无人机进行现场巡查

晋北换流站现场配备了 1 台无人机，定期或不定期对现场进行高空巡查，监督工程现场的整体施工进度、人员和设备投入情况、现场安全及文明施工管理情况、高处作业施工情况等，确保日常监督巡视无死角。如图 8.1-20 和图 8.1-21所示。

图 8.1-19　造价分析系统

图 8.1-20　现场配备的无人机

8.2　攻坚克难,确保冬季施工质量

　　晋北换流站各参建单位积极应对,提前策划,采取保温、防尘等措施,优化施工工序,结合现场实际按照月计划、周平衡、日控制的管理方法,加强预控管理,积极开展冬季施工,保证了工程关键节点目标顺利实现。如图 8.2-1 至图 8.2-3 所示。

图 8.1-21　无人机巡视效果图

图 8.2-1　攻坚克难促进工程建设图

图 8.2-2　冬季施工时测量混凝土入模温度

图 8.2-3　晋北换流站冬季施工搭设的暖棚

8.3　成品保护超前策划

晋北、南京换流站电气工程与土建工程交接后,项目部精心策划,对阀厅、阀冷设备、继保小室等进行成品保护,有效避免施工过程中对成品的损坏。如图 8.3-1 和图 8.3-2 所示。

图 8.3-1　阀冷却塔成品保护图

图 8.3-2　继保小室成品保护图

8.4　安全文明施工标准化

8.4.1　设置安全体验区

　　晋北、南京换流站现场设置了专用的安全体验区,结合安全教育使用:在模拟环境下,让受训者体验到安全作业和违规作业的巨大差别,感受到违规作业的巨大伤害和风险,受训者经过各种模拟状态下的安全体验和精神状态检查后,时刻保持遵规守纪的心态。如图 8.4-1 至图 8.4-3 所示。

图 8.4-1　灭火器演示体验图

图 8.4-2　安全用电培训体验图

图 8.4-3　安全综合体验图

8.4.2　现场安全防护

晋北、南京换流站采取切实有效措施,加强现场人员防护、临边防护、孔洞防护等管理措施。将安全管理工作实现无死角覆盖,切实保证了现场施工本质安全。如图 8.4-4 至图 8.4-8 所示。

图 8.4-4　用定制防护钢板覆盖的检查井井口

8.4.3　施工现场布置水平绳组成安全"网"

阀冷管道安装前,在阀厅顶部钢梁布置水平绳组成安全"网",在作业人员移动过程中起到安全防护作用。如图 8.4-9 和图 8.4-10 所示。

图 8.4-5　钢管脚手架扣件和端部采用的塑料保护套

图 8.4-6　设置安全可靠的临时过电缆沟通道

图 8.4-7　钢筋切断机、砂轮切割机保护套

图 8.4-8   电焊机保护屏

图 8.4-9   施工现场布置水平绳组成安全"网"

图 8.4-10   阀厅顶部钢梁布置水平绳组成安全"网"

8.4.4 安全文明施工设施标准化、定制化设置、区域化管理

现场分块、分区域管理,各区域设置施工负责人,统筹管理所辖区域的安全文明施工情况,实现输变电工程安全制度标准化、安全设施标准化、现场布置标准化、行业行为规范化和环境影响最小化,始终保持可控、能控、在控状态,形成现场安全文明常态化管理。如图 8.4-11 和图 8.4-12 所示。

 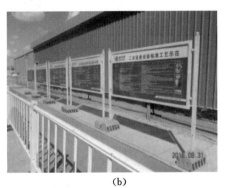

(a)   (b)

图 8.4-11 安全文明施工设施标准化、定制化设置、区域化管理

图 8.4-12 现场设置的休息亭

8.5 环水保施工常态化

采取有效防尘措施,彰显绿色施工理念,强化施工现场绿色环保管理。如图 8.5-1 至图 8.5-5 所示。

图 8.5-1 晋北换流站安全文明施工

图 8.5-2 南京换流站安全文明施工

图 8.5-3 洒水车降尘图

图 8.5-4　南京换流站护坡绿色施工

图 8.5-5　南京换流站布置的防尘网塑料草皮

8.6　施工用电规范化

晋北、南京两换流站严格执行《建设工程施工现场供电安全规范》（GB 50194—2014）等标准要求，严格执行 TN—S 保护零线（PE 线）与工作零线（N 线）分开的系统（三相五线），实行"三级配电，两级保护"用电原则。南京换流站二级箱的临时电缆全部采用镀锌钢管或直埋敷设方式；二级电源箱主电源回路设计主开关紧急按钮；临时用电采用 IP44 型防爆防水插头，提升安全用电等级；建筑物内采用吊杆架设临时用电电线。如图 8.6-1 至图 8.6-3 所示。

图 8.6-1 现场施工用电总平面布置及配电箱设置

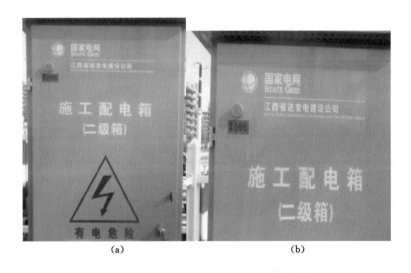

（a）　　　　　　　　　　　　（b）

图 8.6-2 南京换流站二级电源箱主电源回路设计的电源主开关紧急按钮

（a）　　　　　　　　　　　　（b）

图 8.6-3 南京换流站临时用电采用的 IP44 型防爆防水插头

8.7 施工管理创新化、标准化

8.7.1 标准工艺二维码的应用

利用二维码生成器,将标准工艺及目前设备情况生成二维码后,打印并粘贴在设备外壳,施工人员可以通过手机扫描二维码了解相关设备安装的标准工艺及安装记录。如图 8.7-1 和图 8.7-2 所示。

图 8.7-1 GIS 粘贴标准工艺二维码

图 8.7-2 二次接线工艺二维码

8.7.2 现场设置气象服务站

现场设置微型气象站,以便实时公布现场气象信息。如图 8.7-3 所示。

图 8.7-3 微型气象站

8.7.3 采用电子屏进行安全技术交底

晋北、南京两换流站在各作业交底区布置电子交底显示屏,不间断地提示当日交底的全部内容,安全、技术人员可随时在电子交底区查找和确认当日的安全、技术要点,满足相关的规范标准,将安全、技术管理工作细化到每一项管理环节中。如图 8.7-4 所示。

图 8.7-4 利用电子显示屏开展安全交底及施工安全教育

8.7.4 强化人员车辆进场管理

晋北、南京两换流站设置门禁系统,做到人员进出实时记录,实现了场内施工人员动态监控,如图8.7-5所示。编制《施工机械、车辆安全管理规定》,所有车辆和驾驶员信息进行备案,并统一进行安全培训交底、签订安全风险告知书,在领取车辆进站通行证后方可进场,如图8.7-6和图8.7-7所示。

图 8.7-5　人员进场管理

图 8.7-6　培训记录

8.7.5 首次应用生产实时管控平台,实现资源共享、全程监控

南京换流站研发生产实时管控平台,并首次创新应用于本工程,能有效对

图 8.7-7　车辆进站通行证

项目部人员、机具、设备、安全质量等进行实时管理,实现资源共享、全程监控。如图 8.7-8 所示。

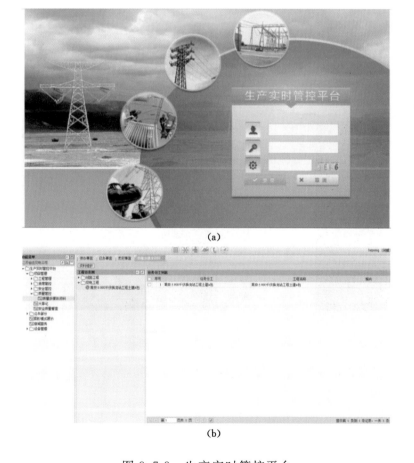

图 8.7-8　生产实时管控平台

8.7.6 创新管理手段,提升工作效率

南京换流站施工采用最新手持机管理系统,将现场工艺卡检查、站班会录音、数码照片拍摄等功能集成在 APP 应用内,可在移动终端上使用并实时上传至服务器,提高现场工作效率。如图 8.7-9 和图 8.7-10 所示。

图 8.7-9　APP 管理系统

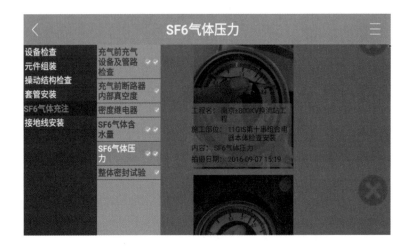

图 8.7-10　手持机管理系统

8.7.7 采用网格化管理施工现场

南京换流站现场借鉴城市网格化管理理念推行场平施工网格化管理。每天根据施工网格完成情况进行填色调整,工程形象进度一目了然,可提高施工

效率,保证工期质量。如图 8.7-11 和图 8.7-12 所示。

图 8.7-11　场平工程形象进度展示图

图 8.7-12　工程量计算机辅助审核用于制订换流站工作计划

8.7.8　库房采用"超市化"仓储管理信息采集系统

晋北换流站为加强安全工器具库房的管理,将传统的管理办法与现代信息化管理相结合,采用了"超市化"仓储管理信息采集系统,实现了种类模块化、摆放定制化、调拨数字化、报表细分化等多项领域拓展,同时建立了较为完整的物品资料信息库。如图 8.7-13 至图 8.7-16 所示。

图 8.7-13　仓储管理信息采集系统

图 8.7-14　工器具定制化放置图

图 8.7-15　工器具设置的专门二维码　　　图 8.7-16　仓储管理信息采集系统

9 土建施工质量管理

9.1 基础施工标准化、创新化

9.1.1 圆形基础定制模板清水混凝土工艺

南京换流站站用电及交流滤波场圆形基础采用定制的圆形覆膜木胶合板模板,模板采用环形抱箍进行加固,便于施工,混凝土内实外光,倒角圆润,色泽一致,预埋件安装工艺精细。如图 9.1-1 所示。

图 9.1-1 圆形基础采用的定制模板

9.1.2 外露基础采用圆弧倒角工艺

为减少外露基础圆弧倒角气泡,南京换流站汲取经验特设立 QC 课题小组,研制圆弧倒角模具,有效减少了圆弧倒角气泡问题。如图 9.1-2 和图 9.1-3 所示。

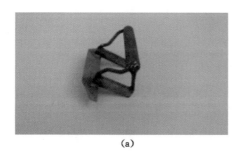
(a)

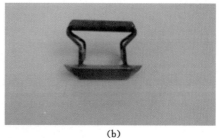
(b)

图 9.1-2 倒角模具

图 9.1-3　成品效果

9.1.3　电抗器基础采取措施,有效避免涡流

南京换流站电抗器区域地坪采用绝缘树脂钢筋敷设,基础钢筋采用绝缘扎带绑扎,交叉处采用绝缘热缩套隔离,减少基础涡流现象,提高基础耐久性。如图 9.1-4 所示。

图 9.1-4　南京换流站电抗器基础及地坪钢筋绑扎图

9.1.4　采用清水混凝土工艺,成型美观

设备支架基础、备用换流变基础采用清水混凝土工艺,倒角顺直,混凝土成型美观。如图 9.1-5 和图 9.1-6 所示。

图 9.1-5　成型美观的清水混凝土工艺

图 9.1-6　设备支架基础清水混凝土工艺

9.2　换流变广场施工标准化、创新化

9.2.1　埋件采用通长角钢定位

南京换流站换流变轨道基础埋件采用通长角钢定位,将预埋件与通长角钢

通过螺栓进行连接固定,减少混凝土浇筑过程对预埋件的扰动,提高预埋件安装精度。如图 9.2-1 和图 9.2-2 所示。

图 9.2-1　通长角钢定位埋件 1

图 9.2-2　通长角钢定位埋件 2

9.2.2　优化站前区广场布置,达到美观无积水

晋北换流站广场砖铺设平整顺直,伸缩缝设置合理,整体坡向道路处雨水井内,广场无积水,整体美观。如图 9.2-3 所示。

图 9.2-3　铺设精细的晋北换流站前区广场砖

9.2.3　换流变广场采用金刚砂耐磨层,工艺精良

晋北换流变广场和站内道路面层均采用金刚砂耐磨层,成型的混凝土表面清洁、平整、无积水,混凝土颜色一致,不起砂,防裂、耐磨性强,分格设置规范。如图 9.2-4 所示。

图 9.2-4　晋北换流变广场金刚砂面层

9.2.4　换流变广场轨道间首次采用重型混凝土预制块工艺

晋北换流变广场搬运轨道间硬化首次采用重型混凝土预制块,预制块面层留置防滑条,预制块排版合理,减少了混凝土广场在换流变安装过程中轨道间

混凝土损坏而引起的维修工作量,易于运维。如图 9.2-5 所示。

图 9.2-5　换流变广场轨道间采用的重型预制混凝土块

9.3　换流变防火墙施工标准化、创新化

晋北、南京两换流站防火墙应用《建筑业 10 项新技术》大模板施工技术,分别采用新型覆膜大模板清水混凝土和组合钢模板施工工艺,施工高效,表面平整密实光滑,色泽一致,倒角线条顺直,分格匀称清晰,养护到位,整体观感优良。如图 9.3-1 至图 9.3-5 所示。

图 9.3-1　晋北换流站防火墙应用的新型覆膜大模板

图 9.3-2　南京换流变防火墙采用的定制钢模

图 9.3-3　晋北换流站防火墙背墙混凝土

图 9.3-4　南京换流站防火墙成品

图 9.3-5 南京换流站防火墙钢模板获奖施工工艺

9.4 主变、高抗油池采用现场预制混凝土盖板

晋北换流站主变、高抗油池防风防沙盖板采用预制混凝土盖板,盖板平整,缝隙均匀,泄水孔统一规划,横平竖直,且可缩短工期。如图 9.4-1 所示。

图 9.4-1 油池预制混凝土盖板

9.5 电缆沟施工标准化、创新化

9.5.1 防风沙采用地埋式电缆沟

晋北换流站户外统一采用地埋式电缆沟,避免了风沙和雨雪侵入沟内,减

轻了清洁维护工作。如图 9.5-1 所示。

图 9.5-1   晋北换流站地埋式电缆沟

9.5.2   现浇混凝土电缆沟预埋螺母施工

南京换流站采用新型镀锌电缆沟支架固定方式,将预埋螺母及对拉螺杆焊接为整体,兼作电缆沟木模固定螺杆埋入电缆沟内,提升电缆支架预埋质量和安装效率,保证了后期电缆支架的安装工艺质量,减少了对混凝土成品的破坏,有效防止了对电缆的损伤。如图 9.5-2 至图 9.5-5 所示。

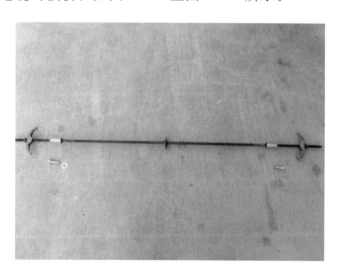

图 9.5-2   对拉螺栓

图 9.5-3 预埋螺母

图 9.5-4 电缆支架成品

图 9.5-5 预埋螺母固定方式 QC 成果二等奖

9.6　装饰装修施工标准化、创新化

9.6.1　室内吊杆灯具安装整齐、美观

优化吊杆灯安装方法,确保吊杆灯平行、顺直,使得灯具高度一致。如图9.6-1所示。

图 9.6-1　室内吊杆灯

9.6.2　静电地板支架采用槽钢和方管组合焊接

抗静电地板采用方管焊接整体活动地板骨架,结合地面屏柜预留孔洞、地面槽盒布局,电脑排版。布局合理,安装平稳,牢固耐用。如图9.6-2和图9.6-3所示。

图 9.6-2　活动地板方管整体骨架 1

图 9.6-3　活动地板方管整体骨架 2

9.6.3　高标准实施自流平地面工艺

晋北、南京换流站严格按照自流平施工工艺进行施工,地面干燥后进行全面打磨,确保基层平整,清理干净,按照底层、中层、面层工序进行施工,自流平表面平整偏差≤1 mm,颜色均匀一致。如图 9.6-4 所示。

图 9.6-4　自流平施工工艺

9.6.4　室内墙面粉刷前样板先行

晋北、南京换流站室内墙面粉刷前,将各粉刷层按顺序提前制作样板,分析并解决粉刷过程中会产生的问题。粉刷时,墙面平整光滑、颜色均匀一致,阴阳角顺直,工艺质量得到显著提升。如图 9.6-5 和图 9.6-6 所示。

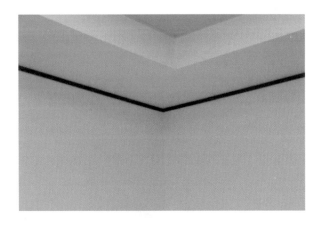

图 9.6-5 室内墙面粉刷层样板先行

图 9.6-6 室内墙面成型效果

9.6.5 楼梯踏步、平台地砖统一排版、拼缝对缝

晋北、南京换流站楼梯踏步、踢脚线、休息平台地砖统一采用计算机排版,对缝铺设,平整、美观;踏步对称铺设,并刻有防滑槽。如图 9.6-7 所示。

9.6.6 精装修排版三维对缝

晋北、南京换流站开展创优策划室内装修前进行计算机排版,使得地砖、墙砖、吊顶三维对缝;地漏位于整砖中心,卫生间地面低于走廊地面,整体坡向地漏,避免地面积水;墙面开关、插座等位于墙砖中心或边缘,提高装饰装修观感

图 9.6-7 楼梯地砖铺设

度。如图 9.6-8 至图 9.6-11 所示。

图 9.6-8 卫生间地砖、墙砖样板

图 9.6-9 卫生间地砖、墙砖

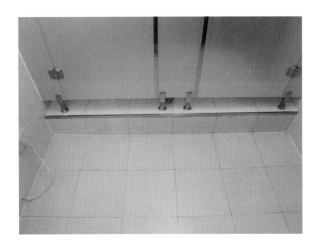

图 9.6-10 地砖与墙砖铺设对缝

图 9.6-11 墙砖与吊顶对缝

9.6.7 卫生间门采取有效防潮通风措施

晋北换流站卫生间门安装有通风百叶,门框下端包有不锈钢护板,采取了防潮措施,提高了卫生间木门的耐久性。如图 9.6-12 至图 9.6-14 所示。

9.6.8 室内箱体、开关面板统一排版

晋北、南京换流站墙面预留箱体孔洞,孔洞上方按照规范留设过梁;室内墙面各类控制箱及开关插座采用同一品牌、同一材质、同一外观尺寸;墙面箱体、开关统一排版,高度一致,间距均匀。如图 9.6-15 和图 9.6-16 所示。

图 9.6-12　卫生间地砖比室外地面低 20 mm 效果图

图 9.6-13　卫生间门留置的通风百叶口

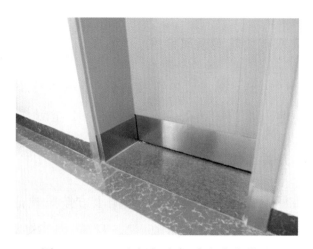

图 9.6-14　卫生间门底部采取防潮措施

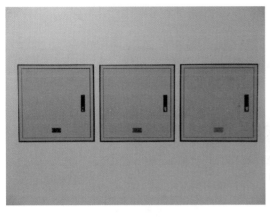 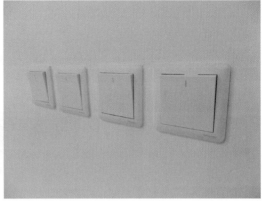

图 9.6-15　配电箱安装工艺　　　　图 9.6-16　开关安装工艺

9.6.9　GIS 矮墙饰面砖采用计算机排版,协调美观

如图 9.6-17 所示。

图 9.6-17　GIS 矮墙饰面砖工艺

9.7　新材料、新工艺、新技术推广

9.7.1　进站大门采用无轨悬浮门

晋北换流站进站大门采用无轨悬浮门,地面无须留设轨道,防止了地面轨道积水、锈蚀问题。如图 9.7-1 所示。

图 9.7-1　无轨悬浮式大门

9.7.2　外墙砖采用干挂保温外墙一体板，整体排版整齐

晋北换流站综合楼及门卫室采用工厂化外墙保温一体板新型材料，一体板用黏接砂浆固定，并采用不锈钢压条进行固定，安全可靠，安装速度快。如图 9.7-2 所示。

图 9.7-2　综合楼室外墙干挂一体板

9.7.3　阀厅屋架采用地面组装起重机整榀吊装

晋北换流站高端阀厅屋架采用地面整榀组装后使用大吨位起重机吊装，减轻高空作业工作量，减少高空拼装风险，提高拼装精度和吊装效率。在保证安全前提下较单独吊装缩短吊装时间 5～7 天。如图 9.7-3 所示。

图 9.7-3   阀厅屋架采用地面组装起重机整榀吊装图

9.7.4   井盖及雨水篦子专业定制

晋北、南京换流站区雨水井及雨水篦子采用新型环保材料专业定制,工厂化加工,色泽一致,尺寸统一,表面筑有井盖类型,便于识别,雨水篦子标高略低于场地标高,排水顺畅,环保耐用,整体美观。如图 9.7-4 和图 9.7-5 所示。

图 9.7-4   晋北换流站环保型雨水井

9.7.5   配电区方砖采用不同颜色区分功能

晋北换流站屋外配电区根据区域功能,采用不同颜色预制砖铺设。可改善颜色单调,方便运行人员识别。南京换流站交流滤波器场围栏内设备基础采用

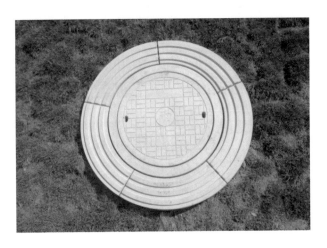

图 9.7-5　南京换流站预制雨水检查井盖及井圈

彩色透水混凝土进行相色区分,让人一目了然,并有效防止了异形砖的产生,方便运行人员辨识。如图 9.7-6 和图 9.7-7 所示。

图 9.7-6　晋北换流站配电区采用不同颜色方砖敷设图

9.7.6　建筑物散水采用现浇混凝土标准工艺

晋北换流站建筑物散水采用现浇混凝土标准工艺,散水边沿倒角圆润顺直,散水和建筑物、坡道间留设有伸缩缝,硅酮耐候胶封闭,整洁美观。如图 9.7-8 所示。

 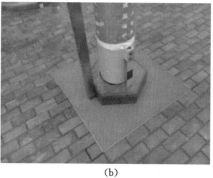

(a)   (b)

图 9.7-7 南京换流站交流滤波器场围栏内设备基础
采用彩色透水混凝土进行相色区分图

图 9.7-8 现浇混凝土散水

9.8 站区框架填充墙抹灰外墙

站区围墙清水混凝土框架砌筑填充墙抹灰装饰,简洁环保。墙面平整,无裂缝、无空鼓,分格匀称、线条顺直。如图 9.8-1 所示。

图 9.8-1　框架填充墙围墙

9.9　框架填充清水干墙工艺

南京换流站框架混凝土整体一次性浇筑，混凝土内实外光，色泽一致，顶层采用 T 形梁，两侧留设有滴水线，防止雨水污染墙面；填充墙砌筑时纵横挂线，灰缝均匀、顺直，达到了清水砖墙标准。如图 9.9-1 所示。

图 9.9-1　框架清水填充墙

9.10　全站沉降观测点统一编号

全站沉降观测点进行统一编号，沉降观测点采用不锈钢材质，端头为半圆形球体,保护盒也为不锈钢材质,采用激光刻字方式进行编号标识,方便测量。如图 9.10-1 和图 9.10-2 所示。

图 9.10-1　统一编号的沉降观测点 1

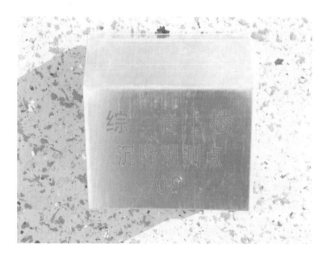

图 9.10-2　统一编号的沉降观测点 2

10 电气施工质量管理

10.1 母线施工工艺标准

10.1.1 软母线、设备引下线工艺美观

晋北、南京换流站设备引线弧垂适宜,弧度自然,无断股、散股及损伤,无凹陷、变形,区域内同设备弧度一致。绝缘子组装规范、外观瓷质完好无损、表面完好干净,引下线走向自然、美观、弧度适宜。如图 10.1-1 至图 10.1-5 所示。

图 10.1-1　晋北换流站换流变区构架与引下线

10.1.2 提升母线压接工艺

南京换流站母线压接时采用保鲜膜包裹压接管的方式,代替反复在表面涂刷黄油的方法,在提高压接效率的同时,保证了压接管六角形棱角分明,整体平直不弯曲,减少表面毛刺,提高了母线压接工艺质量。如图 10.1-6 和图 10.1-7 所示。

图 10.1-2 晋北换流站换流变区汇流母线

(a)

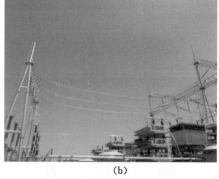

(b)

图 10.1-3 南京换流站设备引线弧垂一致、弧度自然效果图

图 10.1-4 晋北换流站设备安装竖直成线、整齐美观效果图

图 10.1-5　南京换流站电容塔垂直误差小、弧度一致效果图

图 10.1-6　母线压接工艺 1

图 10.1-7　母线压接工艺 2

10.2 500 kV GIS 设备安装防尘措施创新

为确保 GIS 设备的安装质量,两站特制定完善、合理的五级防尘措施,搭设设备清洁防尘棚(透明式水晶板覆盖),加装换衣间、风淋间,安装扬尘监测系统,室内满铺地板革,达到带电一次成功并稳定运行。如图 10.2-1 至图 10.2-6 所示。

图 10.2-1　GIS 设备清洁防尘棚

图 10.2-2　GIS 风淋间、扬尘检测系统

图 10.2-3　保暖防尘棚

图 10.2-4　室内满铺地板革

图 10.2-5　GIS 安装环境洁净度 QC 成果奖

图 10.2-6　GIS 户内设备整体效果

10.3　研发 GIS 干燥空气集中系统

南京换流站开展 QC 活动,采用 GIS 干燥空气集中充气系统,由干燥空气发生器、管道系统组成,提高了 GIS 安装前内检时充气效率。如图 10.3-1 和图 10.3-2 所示。

图 10.3-1　GIS 干燥空气集中系统 1

图 10.3-2　GIS 干燥空气集中系统 2

10.4　换流变绝缘油取样工艺创新

两站换流站现场环境恶劣,为控制因取样环境因素对换流变绝缘油颗粒度试验结果造成的影响,使取样试验结果更加稳定,减少取样次数,提高人工工效,降低试验成本,现场成立 QC 小组,开展了"换流变油样取样装置研制"为课题的 QC 活动。使用新型油样取样装置后,有效控制了环境对油样取样造成的影响,使得油颗粒度检验值趋于稳定,保障了换流变的安装质量。如图 10.4-1 所示。

图 10.4-1　使用新型装置后的现场取油照片

10.5　阀厅施工标准化、创新化

10.5.1　阀厅入口设置风淋间

为保证阀厅设备安装质量,阀厅实行封闭管理,严控阀厅安装环境,确保阀组件的安装、运行环境符合要求。制定阀厅管理制度,对进出阀厅的人员、机械、设备等进行有效控制,阀厅入口处设置风淋间,进入阀厅人员须更换防尘服,经过风淋间清除身上灰尘后方可进入阀厅。如图 10.5-1 至图 10.5-3 所示。

10.5.2　阀厅设置粉尘探测报警系统

为了保证阀厅设备的安装质量,保持清洁度实时监测,在值班室内安装粉尘报警控制器;在阀厅内,安装粉尘探测器,实时监测阀厅内粉尘浓度信息。设置 60 mg/m³ 为低报警戒值、120 mg/m³ 为高报警戒值,当阀厅内粉尘浓度超过低报、高报警戒值时,粉尘报警器报警。如图 10.5-4 至图 10.5-6 所示。

10.5.3　阀厅主回路电阻采用"十步法",确保投运后无发热

加强主导电回路搭接面的质量管理,确保投运后无发热现象。借鉴直流检

阀厅施工管理制度

1、阀厅大门除进出设备材料时才能够打开外，其余时间必须关闭。

2、进入阀厅设备及阀厅内部设备搬运需采用专用液压搬运车或滚轮组，轻运至阀厅内定置摆放，按设备搬运通道行驶，听从引导人员指挥。

3、作业人员及参观人员统一从南侧小门进入阀厅，需经过风淋间，严禁通过紧急出口进出风淋间。

4、作业人员进入阀厅应更换作业专用鞋，参观人员更换鞋套，严禁穿着作业专用鞋在阀厅外行走。

5、参观人员进入阀厅内需登记，需有现场管理人员陪同，服从现场管理人员统一安排。

6、对阀厅的地板、屋顶和墙壁定期清扫、清洁。

7、安装期间，阀厅内空调开放，保证阀厅湿度（50%~65%）、阀厅温度（15℃-20℃）、阀厅微正压。

8、每日清扫现场将不能回收的废物及时放到垃圾桶，现场清理余料时，将有用的余料清理出来，及时合理分配使用。

江苏省送变电公司

图 10.5-1　阀厅管理制度

(a)　　　　　　　　　　　　　　(b)

图 10.5-2　阀厅封闭、清洁图

(a)　　　　　　　　　　　　　　(b)

图 10.5-3　更衣室更换防尘服、进入风淋间图

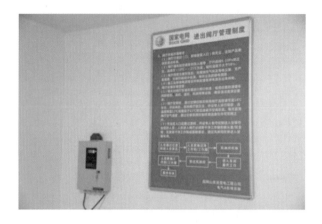

图 10.5-4　粉尘报警控制器

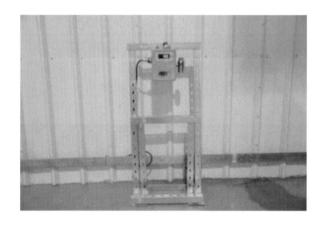

图 10.5-5　粉尘探测器

图 10.5-6　环境监控报警系统

修项目搭接面处理的十步法，针对基建施工采用十步法严把安装过程的各个环节。对阀厅内所有搭接面进行全面梳理，编制质量过程控制卡，根据施工进度落实责任，严把过程质量。如图 10.5-7 和图 10.5-8 所示。

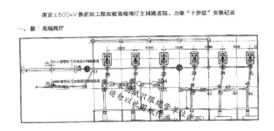

图 10.5-7　阀厅主回路直阻、力矩"十步法"安装记录 1

安装部位	螺栓规格	力矩要求 （N·m）	力矩是否合格	施工人员	直阻标准 （uΩ）	直阻测量 （uΩ）	测量人员	施工工艺
1	M12	80	是		<10	5		十步法
2	M12	80	是		<10	6		十步法
3	M12	80	是		<10	6		十步法
4	M12	80	是		<10	4		十步法
5	M12	80	是		<10	3		十步法
6	M12	80	是		<10	3		十步法
7	M12	80	是		<10	2		十步法
8	M12	80	是		<10	4		十步法
9	M12	80	是		<10	4		十步法
10	M12	80	是		<10	5		十步法
11	M12	80	是		<10	4		十步法
12	M12	80	是		<10			十步法
13	M12	80	是		<10			十步法
14	M12	80	是		<10			十步法
15	M12	80	是		<10			十步法
16	M12	80	是		<10			十步法
17	M12	80	是		<10			十步法
18	M12	80	是		<10			十步法

图 10.5-8　阀厅主回路直阻、力矩"十步法"安装记录 2

10.5.4　阀厅母线整齐美观，弧度一致

（1）为确保安装工艺，采用国网公司编制的质量工艺关键环节管控记录卡，严格把控安装质量工艺，确保设备安装过程实时记录。如图 10.5-9 和图 10.5-10 所示。

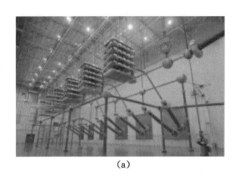
(a)

(b)

图 10.5-9　整齐美观、弧度一致的阀厅母线

图 10.5-10　质量工艺关键环节管控记录卡

（2）在阀厅内悬挂阀厅设备安装标准工艺执行承诺、安全承诺、环境保护和文明施工承诺书、换流阀安装质量工艺关键环节管控表，保证施工人员清楚换流阀安装的每一个关键节点。如图 10.5-11 所示。

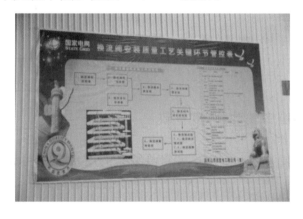

图 10.5-11　换流阀安装质量工艺关键环节管控表

10.6　接地施工标准化、创新化

10.6.1　室内、外接地隐蔽工程工艺美观

采用防腐漆涂刷均匀,标准工艺执行到位。如图 10.6-1 所示。

图 10.6-1　室内、外接地隐蔽工程工艺

10.6.2　支架接地全站高度一致,接地方向一致

全站设备接地提前策划,方向一致,接地端子高度一致。接地排采用冷弯工艺,弯制前利用 8# 铁丝进行预弯,确保成型美观,弧度自然。如图 10.6-2 所示。

10.6.3　GIS 设备接地采用新型接地装置

南京换流站 GIS 设备接地采用新型接地装置,减少由于预留接地引上线对 GIS 设备运输和安装带来的不便,有效防止 GIS 设备接地引上线根部受到外力影响而导致基础表面开裂。如图 10.6-3 和图 10.6-4 所示。

(a)　　　　　　　　　　　(b)

图 10.6-2　支架接地全站高度一致、接地方向一致图

图 10.6-3　GIS 设备接地采用新型接地装置图 1

图 10.6-4　GIS 设备接地采用新型接地装置图 2

10.6.4　围栏施工高度一致,整齐美观

围栏施工,采用热镀锌材质,横平竖直,高度一致,整齐美观,围栏间采用

35 mm²铜绞线跨接。如图 10.6-5 所示。

图 10.6-5　围栏施工工艺

10.7　电缆施工标准化、创新化

10.7.1　优化电缆支架施工工艺

（1）改进电缆支架加工工艺。采用 CO_2 气体保护焊，提高焊缝抗裂性能。尖角处作钝化处理，保证施工安全。整体热镀锌，及时防腐，色泽均匀美观。如图 10.7-1 所示。

图 10.7-1　改进的电缆支架加工工艺

（2）优化电缆支架设计，便于电缆敷设。① 每隔4付电缆支架设置长形孔支架，便于固定电缆、二次铜排。过路埋管采用电缆过渡支架，电缆过渡平滑顺直，工艺美观。② 电缆沟交叉口（T形口）处设置异形支架，确保电缆敷设整齐有序，满足拐弯半径要求，杜绝电缆掉档现象。如图10.7-2所示。

图10.7-2　电缆沟交叉口异形支架

10.7.2　电缆敷设工艺美观

晋北、南京换流站电缆敷设采用放线滑车，降低电缆敷设难度，缩短敷设时间。对继保小室出入口处电缆进行编号，有效防止电缆标识牌悬挂错误。电缆布置排放整齐、固定牢靠、层次分明。如图10.7-3至图10.7-5所示。

图10.7-3　进行编号的电缆

图 10.7-4　电缆敷设放线滑车图

图 10.7-5　电缆布置排放整齐、固定牢靠、层次分明图

10.8　二次施工标准化、创新化

10.8.1　南京换流站编制二次系统安装手册,并制作二次施工责任卡

二次系统安装手册如图 10.8-1 所示,二次施工责任卡如图 10.8-2 所示。

图 10.8-1　二次系统安装手册

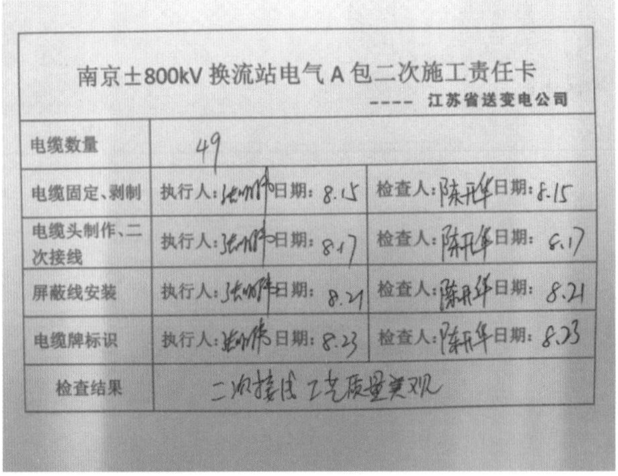

图 10.8-2　二次施工责任卡

10.8.2　二次盘柜安装整齐划一、色泽一致

晋北、南京换流站严格执行标准工艺、质量通病等要求,严把屏柜安装质量。成列屏柜整体高度一致、色泽一致。柜体垂直度、水平度满足规范要求,整齐美观。根据现场实际位置调整原屏柜底部安装孔,底部采用螺栓连接,固定可靠。如图 10.8-3 所示。

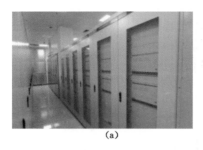
(a)

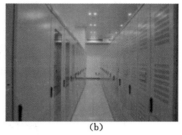
(b)

图 10.8-3 整体高度一致、色泽一致的成列屏柜

10.8.3 二次接线样板引路、一次成优

（1）提前策划二次接线工艺，统一二次接线标准，确保一次成优。① 提前策划二次接线工艺及要求，并及时对班组施工人员进行交底，保质保量。② 二次接线首件样板引路，组织班组施工人员学习交流，规范和提升二次接线工艺。如图 10.8-4 和图 10.8-5 所示。

南京±800kV 换流站二次施工策划方案

1、电缆敷设

1>检查电缆支架（间距控制在 800mm 之内）、电缆保护管等有无漏装或错装现象，增加过路埋管处、小室入口处、户外"＋"处、"T"处等异性口处的过渡支架的安装及防腐的处理等，最后电缆敷设前电缆沟要清扫干净；

RB3小室电缆通道入口

过路埋管处设计异形支架

极1低端辅助控制室

图 10.8-4 二次系统安装策划图

（2）优化芯线线帽标注，信息齐全，便于查找。① 芯线弯圈弧度大小一致，整齐美观，电缆线帽使用带防滑纹的白蜡管。线帽号分双层打印，包含电缆编号、回路编号、端子号、芯线号等，信息齐全，便于查找。② 全站控缆均为黄色芯线，分合闸回路线帽黄色标识。直流电缆芯线线帽分色打印，正极为红色，负极

图 10.8-5　首件样板引路图

为蓝色。220 V交流电缆芯线线帽分色打印,火线为绿色,零线为蓝色。如图
10.8-6 至图 10.8-9 所示。

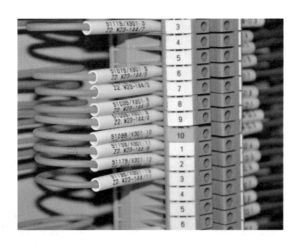

图 10.8-6　信息齐全的线帽号(包含电缆编号、

回路编号、端子号、芯线号)

　　(3) 精心处理备用芯及屏蔽线,工艺美观。① 备用芯留至屏柜顶部约
10 cm处进行折弯处理,充分保证备用芯长度。清洗线帽管标志,且每根芯线均
套有保护帽。② 屏蔽线弯圈统一、美观,并套有标记电缆编号的线帽管。如图
10.8-10 和图 10.8-11 所示。

图 10.8-7　分合闸回路线帽黄色标识

图 10.8-8　直流电缆芯线线帽分色打印图(正极为红色,负极为蓝色)

图 10.8-9　220 V 交流电缆芯线线帽分色打印图(火线为绿色,零线为蓝色)

图 10.8-10　工艺美观、长度满足要求的备用芯

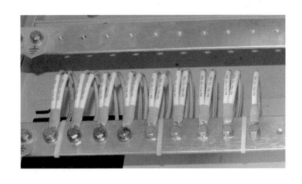

图 10.8-11　屏蔽线弯圈统一、美观,线帽标记信息齐全图

（4）设计余缆盘及格架,优化网线及尾缆固定方式。采购专用余缆盘固定尾缆余缆部分,屏柜内尾缆及网线采用专用格架整理固定,牢固美观。如图 10.8-12 所示。

10.9　新材料、新工艺、新技术推广

10.9.1　防火封堵配置合理、工艺美观

晋北、南京换流站防火封堵施工严格按照设计要求,配置合理,工艺美观。屏柜底部封堵采用框架包边,严实美观。改进电缆保护管防火封堵工艺,提升观感。电缆保护管防火封堵采用专用接头配合金属软管的方式,防火封堵效果

图 10.8-12 采用余缆盘及格架,优化网线及尾缆固定方式图

更加显著,同时提升观感。如图 10.9-1 和图 10.9-2 所示。

图 10.9-1 采用框架包边封堵的屏柜底部

10.9.2 采用 SF$_6$ 气瓶加热装置

SF$_6$ 气瓶在对设备(如 SF$_6$ 断路器、气体互感器等)充气时,气瓶本体会结冰,造成充气中断,尤其是在寒冷季节,现场采用加热装置缠绕气瓶本体,并根据气瓶温度调节加热功率,加快充气速度,使充气不中断,且提高 SF$_6$ 气体使用率。如图 10.9-3 所示。

10.9.3 改进架空线施工方法,提高安装效率

500 kV 交流滤波场区架空线数量多,为了提升架空线架设进度,采用流动式起重机牵引取代传统的卷扬机、绞磨机牵引架设架空线,该施工方法的改进,

图 10.9-2　电缆保护管防火封堵采用专用接头图

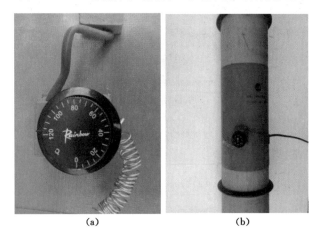

(a)　　　　　　　　　　　(b)

图 10.9-3　SF6 气瓶加热装置

在保证安全情况下让架空线架设人力投入由 12 人减少为 6 人,交流滤波场 20 档架空线架设时间由 15 天缩短至 10 天完成,大大节省了人力及时间。如图 10.9-4 所示。

10.9.4　采用盘形悬式绝缘子专用卡具

晋北、南京换流站施工过程中根据常用盘形绝缘子球头的形状、尺寸,制作专用的卡具,用于耐张线架设时卡住盘形绝缘子,该卡具可直接套在绝缘子球头上,使绝缘子在耐张架线时受力均匀,绝缘子串形状成一线,不致于损伤绝缘子。如图 10.9-5 和图 10.9-6 所示。

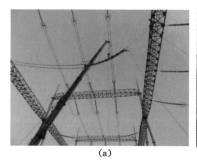 

(a)　　　　　　　　　　(b)

图 10.9-4　使用流动式起重机代替传统牵引设备架设架空线图

图 10.9-5　卡具成品

图 10.9-6　卡具直接套于绝缘子球头图

10.9.5 平波电抗器吊装采用专利吊具,准确把控安装精度

南京换流站平波电抗器由 12 柱绝缘子支撑,每柱 6 节瓷柱,本体吊装高度近 21 m,吊重 98 t,现场采用 500 t 流动式起重机,吊装场地地面须能承受 300 t 以上重量,施工队伍针对地面承载强度、起重机行走路线、起重机站位、吊具等进行了安全验算,提前进行策划,确保平波电抗器安装过程安全,确保安装质量,减小误差。如图 10.9-7 至图 10.9-9 所示。

图 10.9-7　平波电抗器吊装图

图 10.9-8　安装完成的平波电抗器

10.9.6 采用钢制伸缩盖板,保证安全、节约成本

南京换流站继保小室设备安装期间采用可承重的钢制伸缩盖板,在满足设备进出的同时方便电缆支架安装和电缆敷设。电缆沟临时盖板采用统一配送

图 10.9-9　平波电抗器吊装工具专利证书

的可伸缩盖板,实用性强,重复利用率高,节约成本。如图 10.9-10 和图 10.9-11 所示。

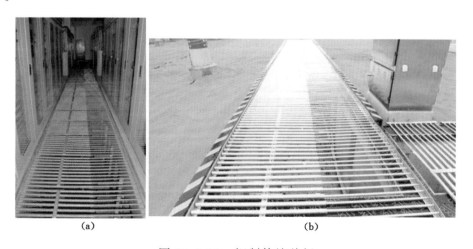

(a)　　　　　　　　　　　　　　　　(b)

图 10.9-10　钢制伸缩盖板

图 10.9-11　钢制伸缩盖板新型专利证书